G Bädeker

Chronologische Notizen aus der Baugeschichte der wesentlichsten danziger Bauwerke

G Bädeker

Chronologische Notizen aus der Baugeschichte der wesentlichsten danziger Bauwerke

ISBN/EAN: 9783742870742

Hergestellt in Europa, USA, Kanada, Australien, Japan

Cover: Foto ©berggeist007 / pixelio.de

Manufactured and distributed by brebook publishing software
(www.brebook.com)

G Bädeker

Chronologische Notizen aus der Baugeschichte der wesentlichsten danziger Bauwerke

CHRONOLOGISCHE NOTIZEN

AUS DER

BAUGESCHICHTE

DER WESENTLICHSTEN

DANZIGER BAUWERKE.

ZUSAMMENGESTELLT

VON

G. BÄDEKER,

KÖNIGL. BAU-INSPECTOR.

DANZIG.

ERNST GRUIHN'S VERLAG.

1879.

Das im Jahre 1877 erschienene Werkchen von
F. Wernick „Danzig", ein Führer durch die Stadt und
ihre Umgegend", ist für den flüchtigen Besucher der Stadt,
dem es nur darauf ankommt, den malerischen Reiz derselben auf sich einwirken zu lassen, ein sehr schätzbarer
Wegweiser. Wer jedoch das Bedürfniss fühlt, die hoch
interessanten und merkwürdigen Bauwerke Danzigs ge-
nauer kennen und aus ihrer Baugeschichte die Eigenthüm-
lichkeit ihrer Formen verstehen zu lernen, wird in jenem
Werkchen genauere Angaben vermissen. Der Unterzeich-
nete hat daher die nachfolgende Zusammenstellung der aus
den verschiedensten ihm zugänglichen Quellen geschöpften Angaben aufgestellt, um dadurch gleichsam eine Ergänzung der
oben erwähnten Schrift zu schaffen, welche jedoch auch ge-
eignet erscheinen dürfte, selbstständig dem ein tieferes
Interesse an den Denkmälern Danzigs Nehmenden eine
kurze und übersichtliche Anleitung darzubieten. Da es
nur hierauf abgesehen ist, so sind die den ersten Abschnitt
bildenden allgemein geschichtlichen Notizen nur auf die-
jenigen Vorkommnisse beschränkt worden, welche einen
wesentlichen Einfluss auf die Entwickelung des Danziger
Bauwesens gehabt haben dürften. Als benutzte Quellen
wären zu nennen verschiedene Aufsätze und Broschüren
von Professor Dr. Hirsch, Dr. Brandstätter, Haupt-
mann H. Hoburg, der Text zu den Radirungen von
Professor Schultz, ehemaligem Director der Kunstschule
zu Danzig, Curike's Chronik, Weinreich's Chronik,
Wentzel Ranisch „Beschreibung aller Kirchengebäude
der Stadt Danzig", die Provinz Westpreussen von Paw-
lowski, Löschin's Geschichte Danzigs etc.

Die beigegebenen Grundrisse der hauptsächlichsten
Kirchen und des Rathhauses sind sämmtlich nach demselben, auf dem ersten Blatt dargestellten Massstabe ge-
zeichnet.

Bädeker.

1 *

1. Geschichtliches.

Als der heilige Adalbert im Jahre 997 die Bekehrung der Preussen begann, fand er an der unteren Weichsel bereits eine Ansiedelung — Gedanie. —

1107 wird Gdanzk als Hauptstadt Pommerellens (Ostpommerns, zwischen der Ostsee, Weichsel, Netze und Küddow belegen) erwähnt.

Die selbstständigen Herzöge Pommerellens residirten in Danzig; das Schloss von König Waldemar I. von Dänemark während seiner Occupation des Landes angeblich 1163 erbaut, 1164 von Subislaus erobert, lag in der Gegend der Burgstrasse, Burggrafenstrasse, Schlossgasse etc. Hier lebte Herzog Sambor, welcher 1178 das Kloster Oliva gründete und 1207 starb. Mestwin I. gründete 1208 das Kloster Zuckau.

1220—66 Herzog Swantopolk. Er gründete unter Anderen das Dominicanerkloster 1227. Unter ihm wurde der erste Massivbau des Klosters Oliva ausgeführt.

1230 betritt der Deutsche Orden den preussischen Boden rechts der Weichsel, den er sich bis 1283 völlig unterwirft.

Er dringt auch in den Kämpfen mit Swantopolk vorübergehend bis Danzig und Oliva vor.

1266—95. Mestwin II., der letzte Pommerellenherzog. Er erklärte sich aus Furcht vor Polen zum Lehnsträger Brandenburgs. Daher nach seinem Tode Kämpfe zwischen diesem und Polen, wobei Danzig abwechselnd von beiden besetzt wird.

1308 erobert der deutsche Orden Danzig, wobei der grösste Theil der damaligen Stadt, der jetzigen Altstadt, zerstört wurde. Der Wiederaufbau dieses ältesten Stadttheils erfolgte sehr langsam und wurde erst um 1326 kräftiger betrieben.

1310 tritt Brandenburg ganz Pommerellen an den Orden ab.

1311 gründete der Orden die Rechtstadt, die jetzige Hundegasse, Langgasse nebst Langenmarkt, Jopengasse nebst Brodbänkengasse und Heiligegeistgasse umfassend.

1343 wurde die Rechtstadt befestigt und durch die Dämme in Verbindung mit dem Schloss gebracht.

1348 wird die Radaune nach Danzig geleitet und die grosse Mühle erbaut.

1351—82 Hochmeister Winrich von Kniprode. Höchste Blüthe des Ordens. Danzig erhält mehrere neue Kirchen.

Um 1380 entsteht an der Weichsel, unterhalb der Altstadt, ein neuer selbstständiger Stadttheil, die Jungstadt (nach Curike 1391 von Hochmeister Conrad von Wallenrodt angelegt).

1393—1407 Hochmeister Conrad vor Jungingen. Unter ihm wird viel gebaut, auch

1393 die Vorstadt (bei der **Petri- und Triuitatis-**Kirche belegen) angelegt.

1407—1410. Hochmeister Ulrich von Jungingen. Durch den Verlust der Schlacht bei Tannenberg beginnt der Niedergang des Ordens. Danzig aber, das bereits **1366** als Mitglied der Hansa genannt wird, bleibt während des ganzen 15. Jahrhunderts die bedeutendste Handelsstadt im nordöstlichen Europa.

1433. Einfall der Hussiten, dieselben verwüsten die Umgegend, auch Oliva.

1454—66 wüthet der sogenannte Städtekrieg, durch welchen sich mit Pommerellen und dem rechtseitigen Weichsellande (Pomesanien) auch Danzig vom Orden losreisst und in Personalunion mit Polen **tritt.** Dieser Krieg verwüstete das ganze Land.

1455 wurde die Jungstadt durch die Danziger (Rechtstädter) zerstört. Auch das Ordensschloss wurde

1454 niedergerissen, hauptsächlich wohl, um zu verhindern, dass die Polen, oder andere Machthaber sich darin festsetzen möchten.

Von jetzt an liegt Danzig, welches eine städtische Republik bildete, in häufigem **Kampfe** mit Polen um seine Reservatrechte. Trotzdem nimmt der Wohlstand zu, es werden viele Bauten ausgeführt.

1522—58 Einführung der Reformation.

1555 sind die Franziskaner-Mönche soweit ausgestorben, dass die letzten **Kloster** und Kirche der Stadt zu Schulzwecken übergaben.

1569 wird Westpreussen mit Polen, als Provinz desselben vereinigt, Danzig behält jedoch seine Selbstständigkeit und verweigert dem 1575 gewählten Könige Stefan Bathori wegen Anfechtung der städtischen Rechte den Huldigungseid. Es kam zum Kriege und

1577 zur Belagerung Danzigs, welche jedoch am 3. September als erfolglos aufgehoben werden musste.

In demselben Jahre am 15. Februar verwüsteten die Danziger das Kloster Oliva.

1599—1660 war Westpreussen der Schauplatz des Schwedisch-Polnischen Krieges, worunter auch Danzig viel zu leiden hatte.

1660 Friede zu Oliva am **3.** Mai.

1700—1721 wüthete in Westpreussen wieder der 3. Schwedisch-Polnische Krieg, der Danzig grosse Geldopfer auferlegte. Nicht minder war dies der Fall **1733—1750** durch den polnischen Erbfolgekrieg. Danzig stand auf **Seiten** Stanislaus Lescinski's gegen August III. und musste deshalb **1734** eine Belagerung durch die Russen aushalten. Tausende **der** Belagerer fanden vor dem Hagelsberge ihr Grab (das Russische Grab heisst die Stelle noch jetzt).

Am 9. Juli musste Danzig in Folge des furchtbaren Bombardements capituliren.

1772 wird Westpreussen **vom** Königreich Preussen annectirt, Danzig bleibt Freistaat.

1793 wird auch Danzig dem preussischen Staate einverleibt.

1807 wird die Stadt von den Franzosen in Besitz genommen **und erst** nach einer langen und harten Belagerung

1814 wieder preussisch.

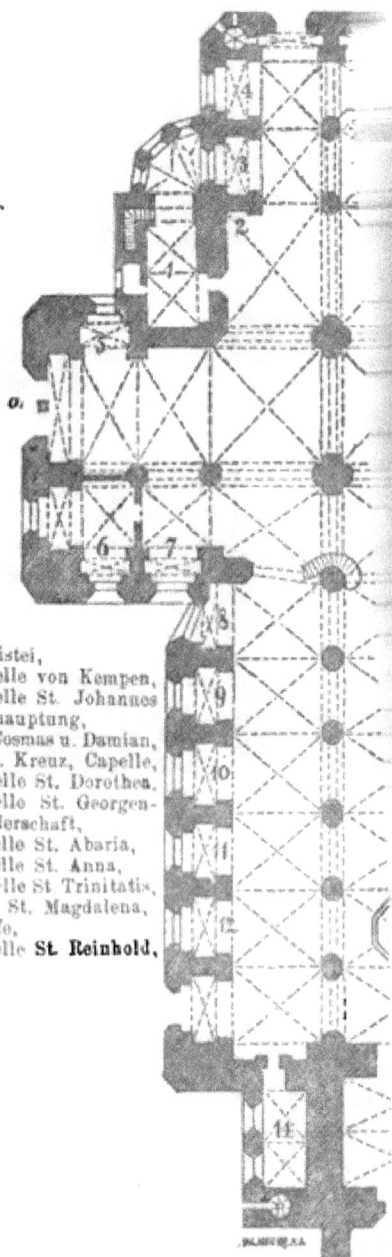

1. Sacristei,
2. Capelle von Kempen,
3. Capelle St. Johannes Enthauptung,
4. St. Cosmas u. Damian,
5. Heil. Kreuz, Capelle,
6. Capelle St. Dorothea,
7. Capelle St. Georgen-Brüderschaft,
8. Capelle St. Abaria,
10. Capelle St. Anna,
11. Capelle St Trinitatis,
12. Cap. St. Magdalena,
13. Taufe,
14. Capelle **St. Reinhold**,

St. M

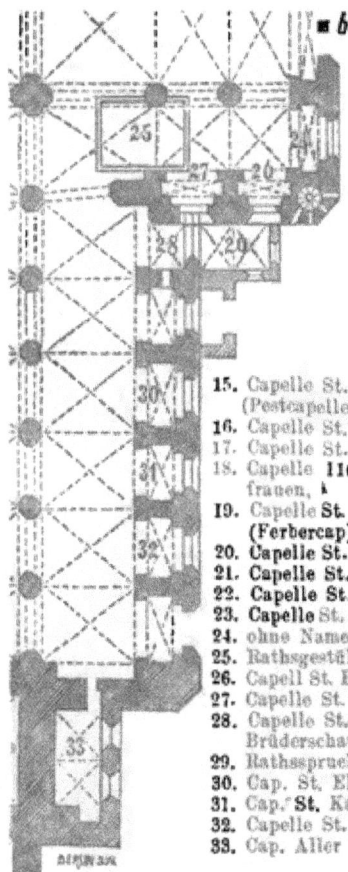

■ *b*

15. Capelle St. **Gertrud**
 (Pestcapelle),
16. Capelle St. Hedwig,
17. Capelle St. **Jacob**,
18. Capelle 11000 Jung-
 frauen, ▲
19. Capelle St. **Balthasar**,
 (Ferbercap),
20. **Capelle St. Antonius**,
21. **Capelle St. Michael**,
22. **Capelle St. Erasmus**,
23. **Capelle** St. Jerusalem,
24. ohne Namen,
25. Rathsgestühl,
26. Capell St. Barbara,
27. Capelle St. Martin,
28. Capelle St. Marien,
 Brüderschaft,
29. Rathssprechstube,
30. Cap. St. Elisabeth,
31. Cap. St. Katharina,
32. Capelle St. Georg,
33. Cap. Aller Heiligen.

30   40   50 mtr.

Von den Baulichkeiten Danzigs sind als die interessantesten zunächst die Kirchen und Klöster zu betrachten, demnächst dürften die sonstigen öffentlichen Gebäude, die alten Befestigungen und schliesslich die Privatbauten zu berücksichtigen sein.

II. Kirchen.

Die Kirchen Danzigs zeichnen sich besonders durch die Einfachheit und Massenhaftigkeit ihrer äusseren Erscheinung, durch ihre reichen Stern- und Netzgewölbe, sowie dadurch aus, dass bei den meisten die Strebepfeiler ins Innere gezogen und dadurch Nischen für Nebenaltäre oder Kapellen gebildet sind.

1. Die Marienkirche,

auch Pfarrkirche, oder Ober-Pfarrkirche genannt, die grösste der Stadt, und hinsichtlich der bebauten Grundfläche angeblich die 5. der Christenheit mit dem Thurm rot. 105 m, im Schiff 87,5 m lang, 41,5 m breit, das Querschiff 66,0 m lang, im dreischiffigen Theile 34 m breit, bis zum Gewölbescheitel rot. 27,3 m hoch; sie ist eine dreischiffige Hallenkirche mit ins Innere gezogenen Strebepfeilern (zwischen welchen Kapellen befindlich) mit geradem Chorschluss und grösstentheils dreischiffigem Querschiffe. Der Thurm rot. 76 m hoch, hat ein Ziegeldach. —

1210 soll die erste Anlage einer Marienkapelle auf der jetzigen Stelle erfolgt sein, wahrscheinlich in Holz. Reste davon sind nicht vorhanden.

1343 wurde unter Hochmeister Ludolf König von Weitzau der Grund zu einer massiven Kirche gelegt. Der Bau wurde 1359 vollendet.

Diese erste Kirche war kleiner als die jetzige, sie reichte etwa vom Thurme bis zum jetzigen Querschiffe. Auf dem Kirchendache, dicht hinter dem jetzigen Thurme befindet sich noch die aus Eichenholz erbaute Pyramide des früheren Thurmes. Die Fundamente der alten Aussenmauern sind bis nahe an das Querschiff aufgedeckt worden. Die Erweiterungen und Umbauten begannen um 1403.

1411 ist der Bau so weit vollendet gewesen, dass die vom Comthur Heinrich von Plauen ermordeten Bürgermeister Conrad Letzkau und Hecht ihr Grab vor der Hedwigskapelle südlich hinter dem Hochaltar finden konnten.

1442 wurde der **Giebel der** Ostseite (nach der Frauengasse),

1444 der der Nordseite (nach den Dämmen) und **1446** der der Südseite (nach der Jopengasse) vollendet. Als Baumeister wird **Meister Steffens** angeführt.

Der Widerspruch des **Pfarres** verhinderte die vollständige Ausbildung des nördlichen Kreuzarmes, weil dabei ein Theil der Pfarrwohnung hätte abgebrochen werden müssen. Um diese Zeit wurden auch die Wölbungen des Presbiteriums begonnen. Während des Städtekrieges 1454 bis 1466 stockte der Bau, wurde aber nach geschlossenem Frieden desto kräftiger fortgesetzt. Namentlich wurden viele Altäre und sontige Kunstwerke zur Ausschmückung des neuen östlichen Kreuzstammes und des Querschiffes hergestellt.

1483 wurden die alten **Mauern der ersten** Kirche abgebrochen und

1484 durch Meister Michael die Grundmauern für eine Verbreiterung des nördlichen Seitenschiffes 6 Fuss ausserhalb der alten Mauern gelegt, **1485** durch Meister Hans Brand der Bau weiter fortgeführt.

1494 wurde diese **neue** nördliche Mauer des Langhauses bis zum Dach vollendet.

1496—98 wurde dieselbe Erweiterung an der Südseite durch Meister Heinrich Hetzel vorgenommen.

Hierbei wurden die Strebepfeiler ins Innere der Kirche gezogen. Die neue südliche Aussenmauer bezw. das darin befindliche Fenster trifft rechtwinklig auf die Mitte eines Fensters des Querschiffes, wo beide einen gemeinschaftlichen Stab besitzen.

An der Nordseite ist dies durch Schrägstellung der letzten Mauerabtheilung vermieden.

Zwischen den Strebepfeilern befinden sich Begräbnisskapellen.

Die Wölbung begann 1498 mit dem Felde über dem Hochaltar, die älteren Gewölbe wurden als unangemessen vorher beseitigt.

1502 den 28. Juli wurden die letzten Gewölbe durch Meister Heinrich Hetzel geschlossen und damit der Bau vollendet.

Die Marienkirche ist reich an Kunstwerken, von
denen jedoch hier nur die hervorragendsten erwähnt
werden sollen,

Betritt man die Kirche durch die Dammthüre (*a* des
Grundrisses) so fällt zunächst links an der Ostwand des
Querschiffs

a) **die** astronomische Uhr in's Auge, die, wenn
auch kein Kunstwerk, doch eine besondere Merkwürdig-
keit ist.

Sie ist 1464—70 von Hans Düringer verfertigt, **seit**
dem 17. Jahrhundert aber nicht mehr im Gange. **An**
derselben Wand gleich neben der Uhr, befindet sich

b) der Babara-Altar, mit Holzschnitzwerk **und**
Gemälden, etwa aus dem Ende des 15. oder dem ersten
Viertel des 16. Jahrhunderts. Es gehört der alt-
cölnischen Schule an.

An dem Pfeiler **gegenüber** diesem Altar ist

c) das Sacramentenhäuschen 1478—82 in Eichenholz geschnitzt, früher reich in Farben und Gold decorirt,
jetzt weissgrau angestrichen. An der Südwand der
Sacristei (*i*) stehen uralte gothische

d) Chorstühle, sehr schön in **Eichenholz** geschnitzt,
leider vielfach defect.

e) Der Hauptaltar. **Von den** ursprünglichen,
1511—1517 von Michael (Schwarz?) gefertigten Altären
rührt das Mittelstück, ein colossales Triptychon her.

Die mittlere Hauptabtheilung enthält ein reiches, zum
Theil vortreffliches Holzschnitzwerk, die Krönung Mariae
darstellend, die Innenseiten der Thüren sind mit reichen
gothischen Consolen und Baldachinen versehen, welche
silberne Figuren der Apostel etc. enthalten **haben** sollen.

Der ursprüngliche Altar wurde in Folge des Ver-
mächtnisses eines Kaufmanns **1804** abgebrochen und durch
ein nüchternes massives **Werk ersetzt**, welches **1844** wieder
beseitigt wurde, um das von **Friedrich** Wilhelm IV. ge-
schenkte gemalte Fenster im **Ostgiebel zur** Geltung zu
bringen.

Durch den **1870** aufgestellten von J. **Wendler** in
Berlin gefertigten neuen gothischen Altar ist **das Fenster**
wieder verdeckt worden. Die Formen des **Altars und die**
Farben des Fensters machen jetzt einen **sehr verwirrenden**
Eindruck.

f) Die gleichzeitig mit dem neuen Altar aufgestellten
Chorstühle würde man hier gern vermissen.

g) Das Gitterwerk und der Altar der Jacobscapelle **Nr. 17.**

h) Das berühmte Crucifix in der 110 00 Jung-frauen-Kapelle (18 des Grundrisses) stammt wahrschein-lich aus dem Ende des 15. Jahrhunderts.

Es wird besonders die naturgetreue Haltung des Kopfes, sowie der Ausdruck im Gesicht des Sterbenden bewundert.

i) Zu beachten ist auch das circa 11 m hohe Cruci-fix mit Maria und Johannes zwischen den beiden östlichen Hauptpfeilern der Vierung. Dasselbe ist 1517 von Lucas Ketting gestiftet.

k) In der Ferber'schen (Balthasar-) Capelle **(Nr. 19)** befindet sich ein herrlicher, 1481—84 hergestellter Altar. Derselbe ist eine getreue, jedoch sehr verkleinerte Nach-bildung des berühmten Altars zu Calcar, aus welchem Orte der Stifter Bürgermeister Johann Ferber stammt.

l) Der Altar am Pfeiler neben der Rathsthür *b* (zwischen Kapelle 22 und 23) mit guten angeblich der calcarischen Schule angehörigen Gemälden.

m) Das Schnitzwerk über dem Eingang zur Marien-kapelle sowie der Altar in derselben, ein Kunstwerk der Niederrheinischen Schule aus dem Ende des 15. Jahr-hunderts (Nr. 28).

n) Die in der Allerheiligen-Kapelle (Nr. 33) aufbe-wahrten Paramente, ca. 400 liturgische Gewänder aus dem 12. bis 16. Jahrhundert, z. Th. Unica, Werke byzan-tinischer Kunst, Beutestücke aus den Kreuzzügen. Ein hier befindlicher kunstvoller Altar soll zwischen den Jahren 1489—1507 angefertigt sein.

o) Die im Schiff aufgestellte Taufe, ein auf erhöhtem Unterbau stehendes hohes, aus Messing gegossenes Gitter-werk, welches den Taufstein umschliesst.

Dieses Kunstwerk, in den Niederlanden nach den Modellen des Danziger Steinmetz-Meisters Cornelius gegossen, ist 1554—57 aufgestellt.

Angeblich soll eine dazu gehörige durchbrochene Kuppel mit dem Schiffe untergegangen sein. Der jetzige Deckel ist von Holz.

p) Die Reinholds-Kapelle, dieselbe enthält:

1) Einen Altar aus dem Jahre 1516, herrliche reiche spätgothische Schnitzarbeit mit vorzüglichen Figuren, viel-leicht von Meister Michael (Schwarz), der zu dieser Zeit der Reinholdsbrüderschaft angehörte.

2) Eine Pieta aus Sandstein, aus dem Anfange des 15. Jahrhunderts, sehr naturalistisch.

3) Eine gute Gewandstatue der Madonna aus dem Anfange des 16. Jahrhunderts. Zu erwähnen ist hier auch noch das reiche Broncegitter vor dem Eingange der Kapelle.

q) Der Grabstein des hier verstorbenen Dichters Martin Opitz von Boberfeld, vor der Trinitatis-Kapelle. (Nr. 11).

r) Das jüngste Gericht in der Dorotheen-Kapelle (6). Dies berühmte Oelgemälde wurde 1473 auf einem durch den Danziger Schiffer Paul Benecke genommenen holländischen Schiffe vorgefunden, und in der Marienkirche aufgestellt. 1807 nach Paris entführt, wurde es 1817 zurückgebracht und 1851 durch den Professor Xeller aus Berlin restaurirt.

Auf einem Leichenstein befindet sich die Zahl (1)367. Es ist dies muthmasslich das Geburts- oder Todesjahr einer Person, zu deren Gedächtniss das Bild gestiftet ist; das Jahr der Anfertigung des letzteren kann es nicht sein, weil die Oelmalerei erst um 1410 von den Gebrüdern van Eyck erfunden ist. Nach der Form der Wappenschilder muss das Gemälde aus der zweiten Hälfte des 15. Jahrhunderts stammen, weil Ausbiegungen, wie sie hier vorhanden sind, nicht früher vorkommen. Wahrscheinlich ist Johann Memling (auch Hemling genannt) der Maler.

s) In der Dorotheen-Kapelle befinden sich ferner noch schöne spätgothische Chorstühle.

t) Die grosse Orgel über dem Thurmeingange mit 55 klingenden Registern ist 1760 von F. R. Dalitz hergestellt.

u) Die Kanzel nebst der Decoration des Pfeilers, an dem sie angebracht ist, stammt aus dem Jahre 1762.

v) Am Hauptaltar befinden sich 2 gewaltige, für grosse Wachskerzen bestimmte Armleuchter, in Form gothischer Consolen, 1517 in Bronce gegossen.

w) 2 broncene Kronleuchter, der eine vor dem Altare, der andere bei der Taufe (der mittlere ist neu) sind mindestens eben so alt.

x) In den Schiffen befinden sich Gestühle von reicher Schnitzarbeit, das vorzüglichste ist der sogenannte Vorsteherstuhl.

y) Auch von den an den Wänden und Pfeilern angebrachten Epitaphien sind mehrere der Beachtung werth.

z) Schliesslich dürften noch die Glocken nicht zu übersehen sein.

Die grösste (Gratia Dei) von 121½ Centner ist 1453 gegossen (die zweite ist später umgegossen) die dritte, die Apostelglocke, 75 Centner schwer, stammt aus dem Jahre 1383, Dominicalis und Jauna aus 1423 und 1373 sind später umgegossen.

Sie sind bei einer Besteigung des Thurmes, die bei gutem Wetter der herrlichen Aussicht wegen nicht unterlassen werden sollte, zu besichtigen.

2. Die Katharinenkirche.

Dreischiffige Hallenkirche ohne Querschiff, mit 3 schiffigem Presbiterium soll 1185 von einem Herzog Subislaus II, der jedoch geschichtlich nicht nachzuweisen ist, gestiftet sein, wird bereits 1243 urkundlich erwähnt, 1308 bei der Eroberung Danzigs zerstört. Der jetzige Bau incl. Untertheil des Thurmes wurde

1326—30 errichtet, jedoch mit kleinerem bezw. schmalerem Chor, der jetzige Abschluss mit 3 malerischen Giebeln stammt aus dem Anfange des 15. Jahrhunderts, ca. 1420.

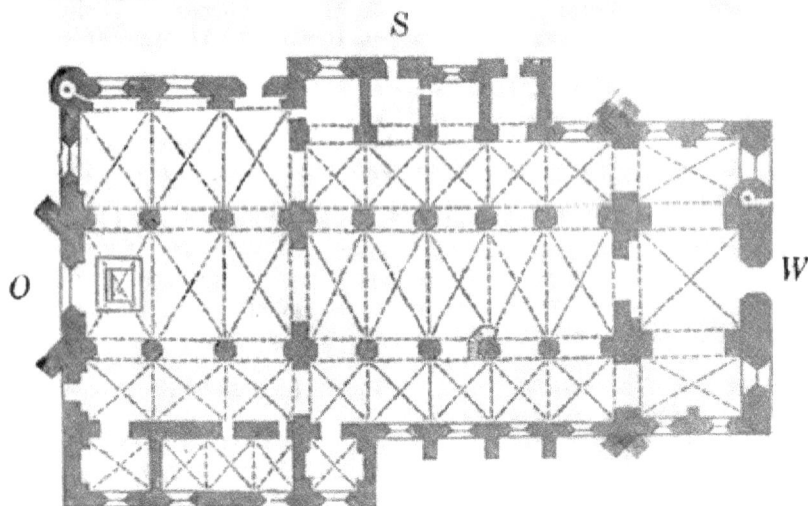

St. Katharinen.

— 13 —

Die oberen Geschosse des Thurmes sind 1484—86 erbaut, die Spitze 1634. Das Glockenspiel 1728 aufgebracht. Eine Taufe mit reichgeschnitztem, und mit verschiedenen Hölzern eingelegtem jedoch mit hellgrauer Farbe überstrichenem Geländer und Taufstein in Renaissancestyl ist bemerkenswerth, ebenso die Abschlusswand der Sacristei gegen die Kirche, eine reiche, etwas barocke Renaissancearbeit aus dem Jahre 1613, dann die kleinere Orgel nebst ihrer Empore in ähnlicher Arbeit und die reichgeschnitzte Kanzel in barocken Formen. *1588* *1637*

Ein Nebenaltar an einem der Pfeiler enthält ein reiches Schnitzwerk, die Krönung der Maria vorstellend, die auf den doppelten Flügeln befindlichen Gemälde (verschiedene Heilige) dürften der Schule des Lucas Kranach angehören.

Was die Kirche sonst an Kunstwerken besass, ist durch die Franzosen 1812 ausgeräumt worden.

3. Die Dominikanerkirche
St. Nicolai,

dreischiffige Hallenkirche ohne Querschiff mit einschiffigem Presbiterium.

Herzog Swantopolk übergab 1227 die ausserhalb der Stadt (Altstadt) belegene dem heiligen Nicolaus geweihte Kapelle, welche angeblich im 12. Jahrhundert gestiftet sein soll, den Dominikanern.

1260—1309 Bau der jetzigen Kirche. Aus dieser Periode stammt höchst wahrscheinlich nur der östliche Theil der Kirche bis zum Glockenthurme incl. des letzteren. Das Langhaus ist aus späterer Zeit, die Einwölbung 1487 vollendet.

(1260 wurde auch die Dominiksmesse gestiftet.)

Das Kloster, ebenfalls 1260—1309 erbaut, wurde 1813 durch Brand beschädigt, 1839—40 unnöthigerweise abgebrochen.

Sehenswerth ist der Hochaltar in reich verzierter Renaissance, sowie die Kanzel mit hübschen Figürchen, ein Lesepult mit Adler, in Messingguss aus polnischer Zeit, ein messingner Kronleuchter mit dem Rosenkranz, ferner die Rückwände der Chorstühle im Presbiterium, mit prächtigen Holzschnitzereien aus dem 17. Jahrhundert, den Kreuzgang Christi vorstellend. Von den Gemälden sind zu erwähnen das des Rosalien-Altars, 1671 auf Kupfer gemalt, und das des Johannes-Altars, die Taufe Christi darstellend, von August Ranisch († 1670) gemalt. Die Taufe mit hoher reich in Holz geschnitzter Umfassungswand, ist im Jahre 1732 hergestellt. Die Orgel reich geschnitzt und vergoldet, nebst der mit Figuren besetzten Brüstung der Empore ist ebenfalls im Roccocostyl gehalten.

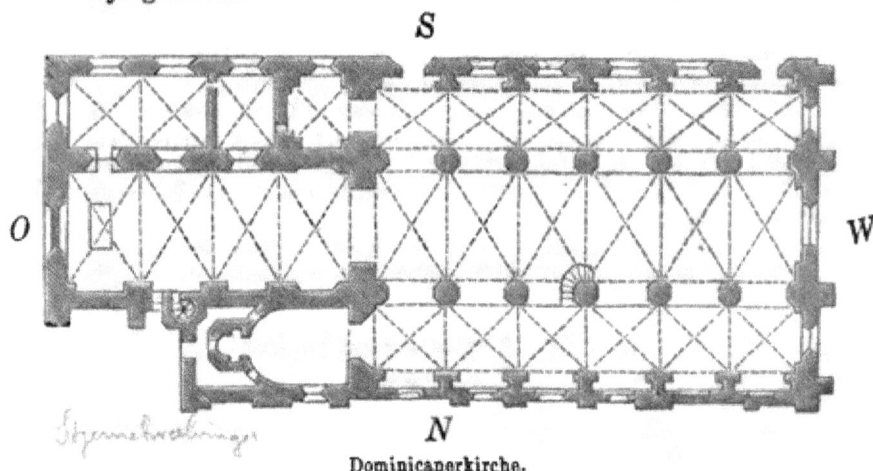

Dominicanerkirche.

4. Die St. Johannes-Kirche

dreischiffige Hallenkirche mit Kreuzschiff und geradem Chorschluss, 1385 unter Hochmeister Winrich von Kniprode gegründet, wurde seit 1460 aus einer Kapelle in die jetzige Kreuzkirche umgebaut.

1463—65 wurden die schönen Sterngewölbe, wohl die besten in Danzig, ausgeführt. Die Kirche hat schlechte Fundamente, daher das bedeutende Ueberhängen des Chorschlusses und der inneren Pfeiler. 1588 wurden starke Verankerungen angebracht, 1679 die beiden Strebepfeiler am Ostgiebel erbaut und die Giebelspitzen abgebrochen.

An Kunstwerken sind anzuführen:

Das Crucifix, im Triumpfbogen aus dem Jahre 1482; die uralten gothischen Chorstühle; die Taufe von getriebenem Messing nebst 3 Kronleuchtern, 1682 von Kaufmann Zacharias Zapp geschenkt.

Der Altar, ein schöner Renaissancebau, **1611 aus Sandstein ohne Verankerung** hergestellt, mit Marmorrelief.

Die Kanzel ist 1611 gefertigt.

Die Orgel, deren Mittelstück aus 1625 stammt, wurde
1672 auf Kosten von Z. Zapp restaurirt und erweitert und
1755 durch den Ausbau der Flügel vergrössert.

S

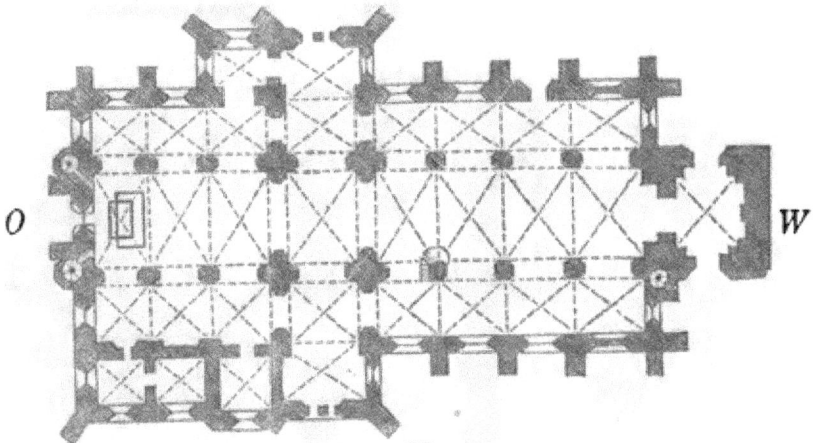

O　　　　　　　　　　　　　　　　　　　　　　　　　　*W*

N

St. Johann.

5. Die Heiligegeistkirche

einschiffig mit polygon geschlossenem gewölbtem Chor,
letzterer aus der Ordenszeit, muthmaaslich um 1354, das
Langhaus mit flacher Decke ist nach der Vertreibung des
Ordens (1454) erbaut.

6. Die Bartholomaeikirche

einschiffig, ohne besonderes Presbiterium.

1370 als Hauptkirche der Jungstadt erbaut, soll sie
1455 bei der Zerstörung der Jungstadt auf die jetzige
Stelle verlegt sein. Es ist jedoch wahrscheinlich, dass die
Kirche hier von Anfang an gestanden hat, da diese Stelle
vermuthlich zur Jungstadt gehörte und namentlich der
Thurm seinem Styl nach zur ersten Gründung gehören
dürfte.

1500 Wiederherstelluug der Kirche nach dem Brande
von 1499. Dieselbe erhielt die jetzige flache Decke. Die
Mauern stammen von dem älteren Bau her.

1647 wurde die südliche Eingangshalle erbaut.
Der Altar ist 1617 errichtet, die Orgel 1661.

Der Betstuhl rechts vom Altar ist ein reiches schönes Werk der Renaissance aus dem Anfange des 17. Jahrhunderts. Auch das Stuhlwerk des Böttchergewerks an der Südmauer des Schiffes, sowie mehrere andere Gestühle etwa aus derselben Zeit sind bemerkenswerth.

O

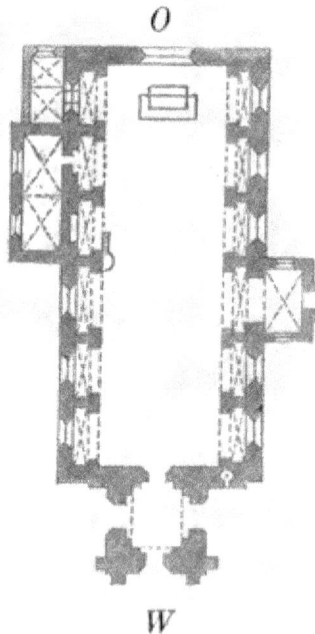

W

St. Bartholomaei.

7. St. Petri und Pauli

dreischiffige Hallenkirche mit einschiffigem Presbiterium ohne Querschiff.

1393 von Conrad von Jungingen als Pfarrkirche der neu angelegten Vorstadt gegründet.

1424 wurde diese Kirche durch Brand zerstört.

1425 Beginn des Neubaues; das bisher dreischiffige Presbiterium wurde nur einschiffig wieder hergestellt. Die Pfeiler der alten Südmauer sind nicht gänzlich abgebrochen, sondern in ziemlich erheblicher Höhe erhalten.

1486 die Thurmgiebel vollendet.

1514 Vollendung der Gewölbe. Die vorzügliche **Orgel** ist 1769 aufgestellt.

Die alte Kanzel, verschiedene Grabmäler etc. sind durch die Franzosen zerstört worden.

Im Uebrigen enthält die Kirche — als reformirte Pfarrkirche — keine Kunstwerke.

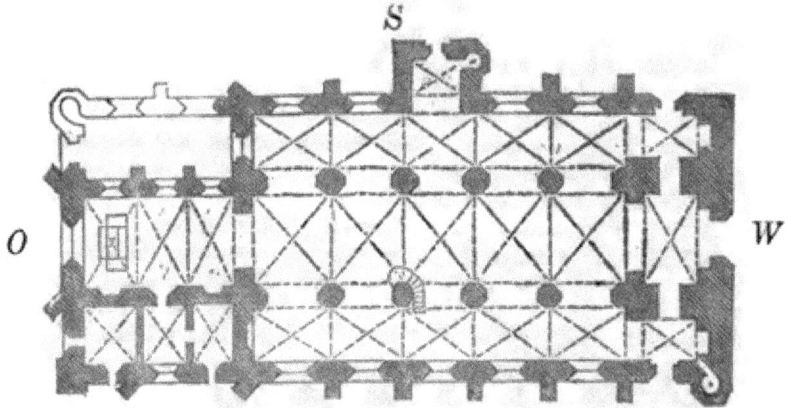

St. Peter.

8. St. Elisabeth-Kirche
jetzt Garnisonkirche.

Einschiffig mit Presbiterium und westlicher Vorhalle, über welcher der Thurm auf Consolen ausgekragt ist, wurde 1394 von Conrad von Jungingen gegründet. 1554—63 wurde der Wall angeschüttet und die Vorhalle vermauert. Die am Thurm vorhanden gewesenen Ziergiebel sind in den Belagerungen Anfangs dieses Jahrhunderts zu Grunde gegangen.

Kunstwerke sind nicht vorhanden.

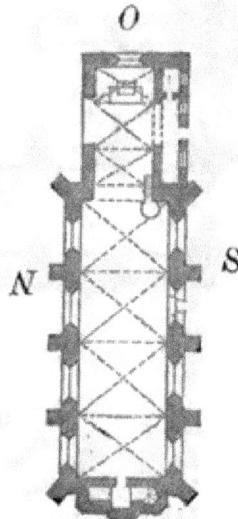

Elisabeth.

9. St. Birgitta

dreischiffige Hallenkirche mit einschiffigem Presbiterium, welches merkwürdigerweise nicht nach Osten, sondern nach Westen orientirt ist. Angeblich soll schon im 13. Jahrhundert eine Kapelle mit Nonnenkloster und Wunderbrunnen (Marienbrunnen) hier existirt haben. 1374 soll der Leichnam der heiligen Birgitta hier niedergelegt sein. 1396—1402 wurde die Kirche nebst Kloster von Conrad von Jungingen erbaut.

1513 soll abermals ein Neubau begonnen sein.

Die Kirche brannte 1587 theilweise ab und dauerte die Wiederherstellung bis

1602 Schluss der Gewölbe.

1673 Vollendung des hölzernen Thurmaufbaues.

1849—51 wurden die Klostergebäude, welche grösstentheils von geringem architectonischem Werthe waren, abgebrochen. Der neue Unterbau des Orgelchors ist 1873 hergestellt. Erhebliche Kunstwerke sind nicht vorhanden.

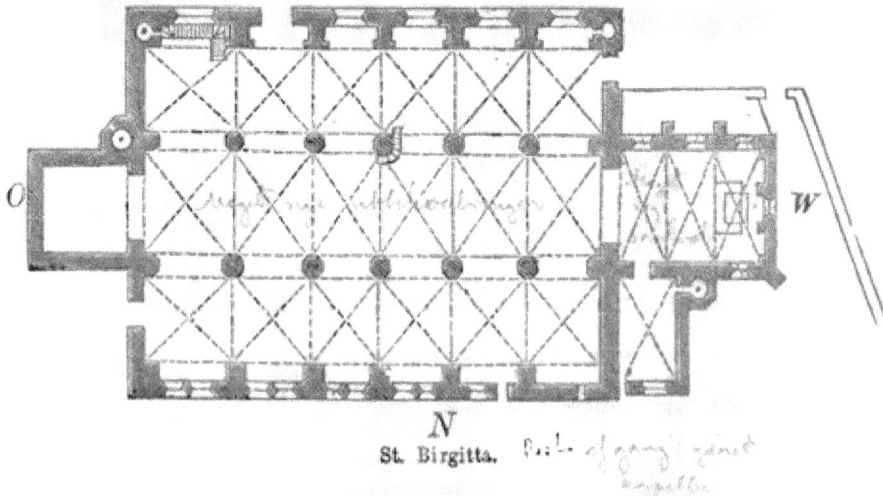

St. Birgitta.

10. St. Barbara.

Zweischiffig, das südliche Schiff neu. Diese Kirche nebst Hospital wird schon 1385 erwähnt.

1430 fand ein Neubau der Kirche statt; dieser Bau brannte 1490 ab.

1545 fand wieder ein zerstörender Brand statt, welchem muthmasslich der Einsturz der Gewölbe zuzuschreiben ist. Die Mauern blieben wohl bei dem letzteren Brande stehen. Das südliche Schiff wurde 1726—28 angebaut, die Mauern zwischen den Strebepfeilern der alten Südfronte ausgebrochen. Die neue Sacristei ist 1850 erbaut. Die Thurmspitze ist 1619 aufgesetzt. Die Taufe stammt aus dem Jahre 1619. Die Orgel ist 1654 von Hildebrandt hergestellt bezw. restaurirt. Die Kanzel 1654. Der Altar 1833.

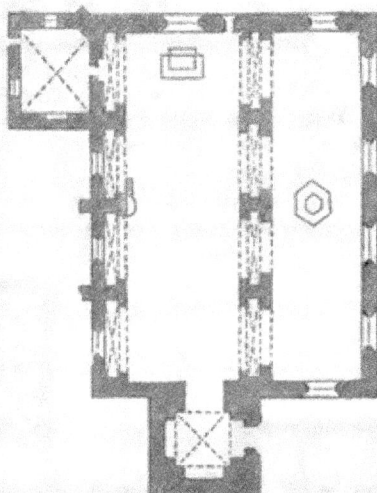

O

W

St. Barbara.

11. St. Jacob

jetzige Stadtbibliothek. Einschiffig mit Presbiterium.

1432 gegründet vom Hochmeister Paul von Russdorf, hat mehrmals durch Brand, 1636 durch den Blitz, besonders aber im Dezember 1815 durch Explosion des zum Pulverthurm umgebauten früheren Jacobsthors Zerstörungen erlitten, daher auch die jetzige Holzdecke.

Der Thurm soll 1639 erbaut sein. Er hatte eine Krönung ähnlich der von St. Katharina, doch einfacher und ohne Eckthürmchen.

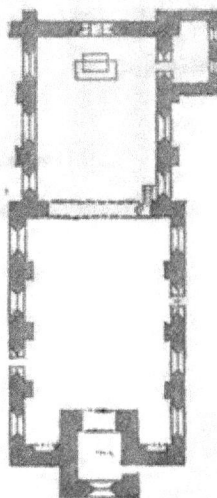

W

St. Jacob.

12. St. Joseph.

(Weissmönchen, Carmeliterkirche nebst Kloster.)

1422 soll eine Carmeliterkirche in der Jungstadt erbaut,
1463 aber abgebrochen und an die jetzige Stelle verlegt sein, wo sich damals eine dem Heil. Georg geweihte
Capelle befand.

1470 wurde der Neubau begonnen.

1496 war der Chor mit Giebeln und Thürmchen fertig.

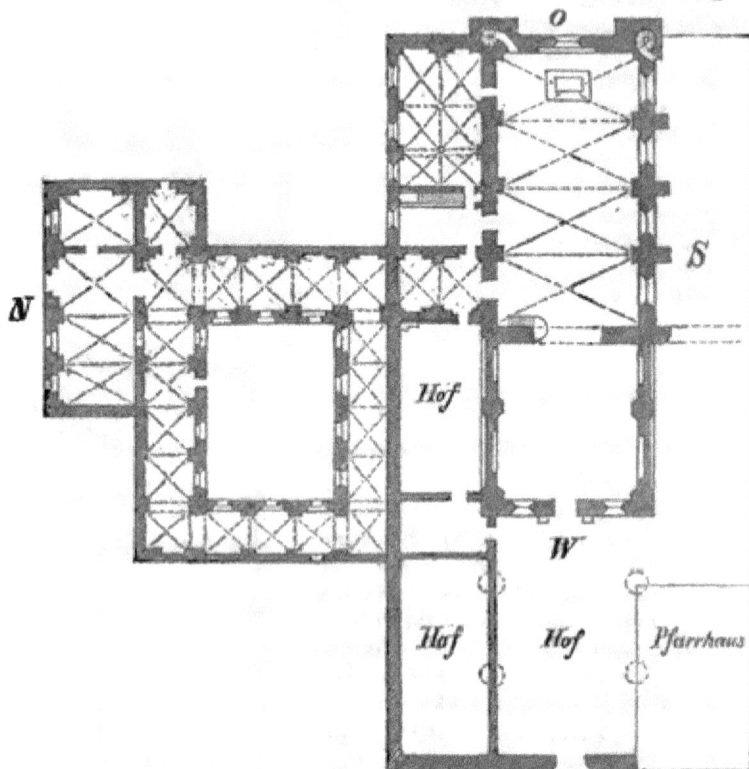

Carmeliter (St. Joseph.)

Das Langhaus wurde nicht fertig gestellt, ein kleiner
Theil des Mittelschiffes mit flacher Decke und schwachen
Mauern zwischen den Pfeilern schliesst sich als Kirchen-
raum an den Chor an.

Interessant ist eine nördlich vom Chor liegende zwei-
schiffige Nebenkirche mit 6 Gewölbefeldern, auf 2 Granit-
pfeilern ruhend. Die Profile der Gurte sind sehr roh.
Ueber die Entstehungszeit dieses Baues ist bisher nichts
zu ermitteln gewesen, 1695 wird dieselbe als Beicht-
capelle und Dresskammer erwähnt.

Die Klostergebäude, welche zum Theil aus der ersten
Bauperiode herstammen, zum Theil (der westliche Theil
des Kreuzganges) 1690—91 von Bartel Ranisch erbaut
sind, dienen jetzt zu Zwecken der Garnisonverwaltung.

An Kunstwerken ist nur die Kanzel bemerkenswerth, ein spätes Renaissancewerk mit ziemlich guten
Figürchen.

Alles sonst vorhanden Gewesene scheint in der 1678
stattgefundenen Verwüstung durch den Danziger Pöbel
zu Grunde gegangen zu sein.

13. St. Trinitatiskirche.

(Graumönchen-, Franziskaner.)

Dreischiffige Hallenkirche mit einschiffigem Presbiterium.

1431 wurde der Bau begonnen, derselbe soll von den
Bauhandwerkern in ihren Feierstunden umsonst aufgeführt
sein, das Material wurde zusammengebettelt.

1481 wurde das Presbiterium durch Strebepfeiler ver-
stärkt und in der anstossenden Leutekirche (dem Langhause), welche in Holz construirt war, einige massive
Pfeiler aufgemauert.

1495 wurde das Gewölbe des Presbiteriums geschlossen, das Dach mit den noch vorhandenen glasirten
Ziegeln gedeckt und der Kuppelthurm aufgeführt.

1496 soll der Grund zum jetigen Langhause gelegt
sein (Weinreichs Chronik).

1503 stürzte die Nordmauer des Langhauses (Strassen-
seite) mit 5 Pfeilern und einem bedeutenden Theile der
Gewölbe ein, wurde aber bis 1514 wieder hergestellt.

Ein Prachtstück gothischer Baukunst ist der westliche
Giebel (nach dem Walle zu) dieser dreifache — den
3 Dächern entsprechende — höchst zierliche, vielfach
durchbrochene Schmuckgiebel ist wohl das vollendetste Bei-
spiel einer derartigen, der Ziegeltechnik eigentlich wider-
sprechenden Verwendung des gebrannten Thones, wenigstens
so weit es sich um Bauten älterer Zeiten handelt.

Die Trinitatiskirche besitzt den einzigen, in Danzig
vorkommenden Lettner.
An Kunstwerken sind vor Allem die 1510—11 her-
gestellten Chorstühle zu erwähnen. Die 1541 erbaute
Kanzel ist nebst vielen anderen Kunstwerken von den
Franzosen 1812 zerstört worden, jedoch rührt der Haupt-
körper mit Ausnahme der Treppe und des Schalldeckels
noch von dieser alten Kanzel her.
Die Orgel 1648 erbaut, wurde 1704 vergrössert.
Der Hochaltar stammt aus dem Jahre 1632.
Die an die Trinitatiskirche unmittelbar anstossende

14. St. Annenkirche

wurde 1480 vom Rathe der Stadt Danzig als Kapelle für
den polnischen Gottesdienst erbaut. 1619 wurde die
Taufe, 1650 der Altar und die Orgel hergestellt.

15. Das Franziskanerkloster

neben der Trinitatiskirche wurde mit dieser gleichzeitig
1431 begonnen und 1481 fertig gestellt.
Rechts vom jetzigen Eingange liegt das kleine Refectorium mit zierlichen Trichtergewölben auf 2 Säulen,
links befindet sich die frühere Bibliothek, jetzt für
Gypse pp. bestimmt, darauf folgt zugänglich vom Garten
aus der Conventsremter mit einer Mittelsäule und schweren
Faltengewölben, jetzt Aula der Johannisschule. In der
südwestlichen Ecke liegt das grosse Refectorium mit halb-
kreisförmigem Tonnengewölbe, welches später mit aufge-
setzten Rippen verziert worden ist. Zwischen diesem
Raume und dem Remter der frühere Vorsaal (jetzt zum
Theil Flur der Johannisschule).
Die Säulen stammen aus dem zerstörten Ordensschlosse.
1555 wurde das Kloster von den letzten Mönchen dem
Rath der Stadt Danzig übergeben, um darin ein Gymnasium
einzurichten. Trotz dieser ausdrücklichen Bestimmung
wurde das Gebäude, nachdem es in den deutsch-französi-
schen Kriegen als Lazareth etc. gedient hatte, vom
Magistrat 1828 an den Militärfiscus verkauft und sollte
zu Kasernements umgebaut werden.
Nur dem unablässigen Bitten und Betreiben des
Bildhauers Herrn R. Freitag, welcher seit 1844 als

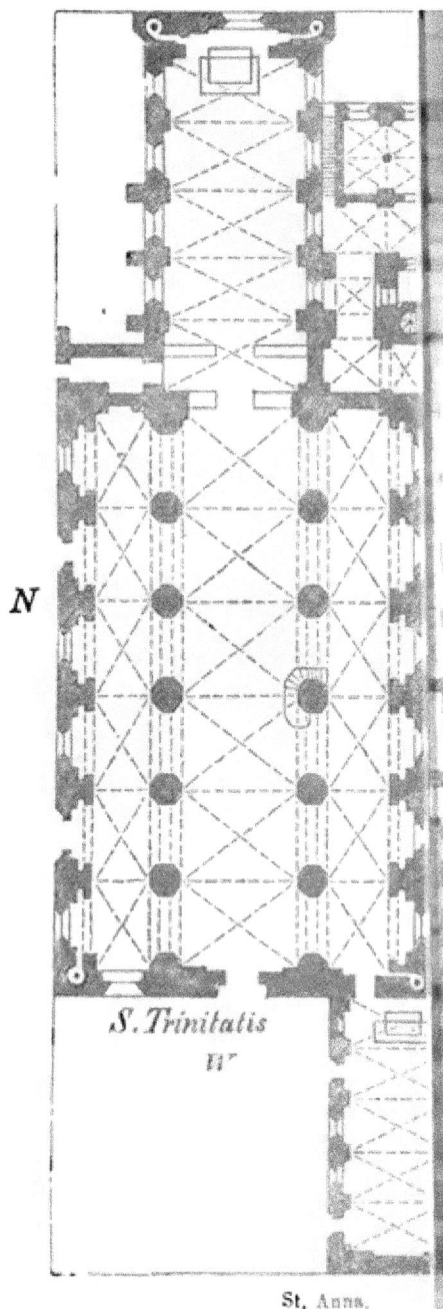

N

S. Trinitatis
W

St. Anna.

O

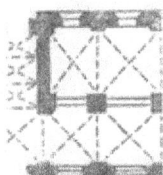

*Franziscaner
Kloster*

Lehrer der Kunstschule nach Danzig berufen war und noch heute als solcher wirkt, ist die Erhaltung und Wiederherstellung des Baues zu verdanken.

1855 gab König Friedrich Wilhelm IV. das Gebäude unentgeltlich der Stadt zurück mit der Bedingung, dass dasselbe in würdiger Weise ausgebaut und zu Unterrichts- und Kunstzwecken verwandt werde.

Der Umbau erfolgte in den Jahren 1867 bis 1872 nach den Plänen des Stadtbauraths Licht in würdiger und im Ganzen stylgemässer Weise; die Gewölbe des westlichen Flügels des Kreuzganges sind dabei neu hergestellt, die alten waren 1793 zerstört worden.

Ferner ist das Treppenhaus für die Johannisschule neu angebaut, die Treppe zur Bildergallerie an Stelle werthloser Nebenräume eingelegt und über dem nördlichen Kreuzgange eine Wohnung für den Custos der Gemäldegallerie nebst Treppenthürmchen hergestellt.

Es entspricht der oben angeführten Bedingung aber wenig, dass das grosse Refectorium und der Vorsaal jetzt hauptsächlich für den Trödel der Bazare, sowie für Blumenausstellungen, Diners etc. freigehalten wird, während eine Menge interessanter Bildhauerarbeiten im Garten und auf dem Spielplatze der Schuljugend umhersteht, deren Belieben und der Ungunst des Wetters völlig preisgegeben.

Im Uebrigen befinden sich in den Räumen die Anfänge einer Sammlung von Gypsen, Danziger Alterthümern, die Gemäldesammlung, die Johannisschule sowie in den mangelhaften Dachräumen des westlichen Tractes die Königl. Kunstschule, während die bis zum 1. October 1878 von der Gewerbeschule benutzten Räume seit deren Aufhebung leer stehen.

16. Die Heilige Leichnamkirche

einschiffig, jetzt mit horizontaler Decke (die Gewölbe sind bei Bränden zu Grunde gegangen) und mit polygonem Chore.

Die Kirche wird zuerst um 1440 erwähnt, ihr Gründungsjahr ist nicht bekannt, wahrscheinlich aber in die letzten Jahre des 14. Jahrhunderts zu setzen.

1520 wurde das Hospital von den Danzigern abgebrannt, 1522 wieder aufgebaut.

1577 hat eine abermalige Zerstörung stattgefunden an der nunmehr auch die Kirche Theil genommen hat; wegen der bevorstehenden Belagerung durch Stefan Bathori, wahrscheinlich sind hierbei die Gewölbe zu Grunde gegangen, die Mauern aber erhalten. Die Wiederherstellung wurde 1580 vollendet.

Der Chor scheint noch von dem ersten Bau aus dem Ende des 14. Jahrhunderts zu stammen.

1688—1707 ist der Anbau auf der nördlichen Seite durch Bartel Ranisch errichtet, 1694 der Thurm.

1707 wurde die Kanzel für die Predigten im Freien, welche in der Reformationszeit eingeführt worden waren, hergestellt.

Das Altarblatt ist von Andreas Stech († 1697).

17. Die Königliche Kapelle

als Pfarrkirche für die Danziger Katholiken

1677—81; theilweise auf Kosten König Johann Sobieski's von Polen durch Bartel Ranisch erbaut. Die Gemälde auf den Zwickeln unter der Kuppel sind von Meyerheim, die Ausmalung der Kuppel selbst mit Propheten und Engeln ist 1877 durch den Geschichtsmaler Renné erfolgt.

Von dem Pfarrer dieser Kirche wird das angeblich einzige authentische Bildniss Johann Sobieski's aufbewahrt.

18. Die Kirche des Jesuiten-Collegiums zu Altschottland

dicht vor dem Petershagener Thore ist eine dreischiffige Hallenkirche ohne Presbiterium

1676 erbaut. Der Baumeister war auch hier Bartel Ranisch.

Der Giebel hat durch die bei der Belagerung von 1813 vorgekommenen Beschädigungen, bei welchen auch der Thurm zerstört wurde, und durch die darauf folgenden Reparaturen die jetzige Form erhalten.

III. Oeffentliche Gebäude.

1. Das Rechtstädtische Rathhaus

wurde wahrscheinlich gleichzeitig mit der Gründung der Marienkirche 1343 begonnen. Urkunden darüber fehlen jedoch.

Nach dem erhaltenen städtischen Kämmereibuche sind 1379 grössere Summen für Erdarbeiten, Steine, Ziegel etc. für den Rathhausbau verwendet, so dass dieses Jahr als das der Gründung des jetzt bestehenden Baues anzusehen sein dürfte.

Der Baumeister ist Henricus benannt.

1427 wurde eine besondere Kapelle für den Rath eingerichtet, wahrscheinlich das jetzige Arbeitszimmer des Oberbürgermeisters.

1465 wurde ein Thurm mit Uhrwerk erbaut, auch scheint in diesem Jahre die Facade nach dem Langenmarkt vollendet zu sein.

1486—92 wurde der Thurm erheblich erhöht und mit einer kupferbedeckten Spitze versehen, (jedenfalls in gothischer Form).

1556 brannte der Thurm bis auf das unter ihm belegene feuerfeste Gewölbe „der grosse Christoph" ab, wurde aber

1559—61 in der jetzigen Form neu erbaut und gedeckt.

Die Höhe des Thurms bis zur Spitze beträgt nach Schulz rot. 82 m.

1561 wurde auch das Glockenspiel und die Statue König Sigismund II August, hergestellt und letztere auf der Spitze aufgestellt.

1573 ist die kleine Rathstube (Winterrathstube) eingerichtet worden.

1593—96 erfolgte die innere und äussere Ausschmückung des Gebäudes, namentlich der Sommerrathstube mit dem Kamin, die Einbringung der steinernen Fenstereinfassungen unter Leitung des Meisters Wilh. Barth. Die Holzschnitzereien wurden von Simon Herle, die Gemälde durch Hans Vredemann de Vries (Jan de Freese) und Andere hergestellt.

1608—9 wurden mehrere Gemälde in der Rathstube von Isaak von dem Blocke gemalt.

1645 ist das Rathhaus mit einem neuem Portal durch Meister Wilhelm Richter versehen worden, welches jedoch dem jetzigen
1766—68 durch Daniel Eggert erbauten weichen musste.
1841—42 wurde unter Leitung des Stadtbauraths Zernecke der Sitzungssaal der Stadtverordneten ausgebaut und gewölbt.
Die Gewölbe werden durch eine Säule von polirtem Granit getragen.
Die Decorationen der Innenwände sind in der neuesten Zeit unter Leitung des Stadtbauraths Licht gründlich reparirt und möglichst in ihrer alten Pracht wiederhergestellt worden.
Im Rathhaus befindet sich eine prächtige hölzerne Wendeltreppe im Flur, mehrere prachtvolle geschnitzte Thüren, von denen jedoch einige aus anderen Baulichkeiten hierher überführt sind.

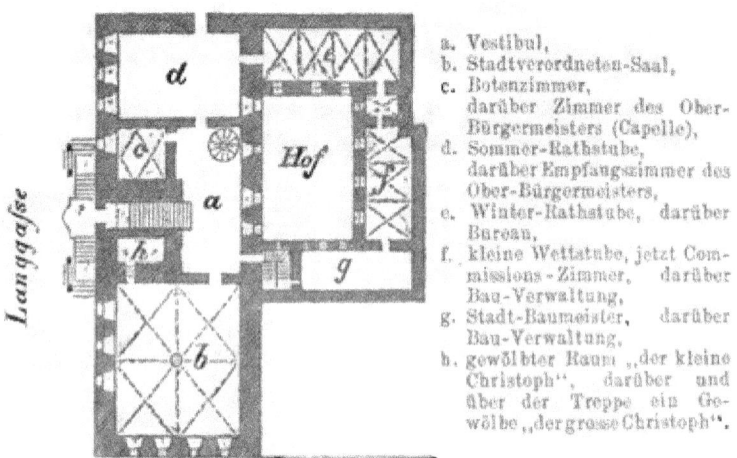

a. Vestibul,
b. Stadtverordneten-Saal,
c. Botenzimmer, darüber Zimmer des Ober-Bürgermeisters (Capelle),
d. Sommer-Rathstube, darüber Empfangszimmer des Ober-Bürgermeisters,
e. Winter-Rathstube, darüber Bureau,
f. kleine Wettstube, jetzt Commissions-Zimmer, darüber Bau-Verwaltung,
g. Stadt-Baumeister, darüber Bau-Verwaltung,
h. gewölbter Raum „der kleine Christoph", darüber und über der Treppe ein Gewölbe „der grosse Christoph".

Rechtstädtisches Rathhaus.

Der von zwei männlichen Gestalten von polnischen
Typus getragene Kamin der Sommerrathstube ist von
Wilh. Barth 1593 hergestellt.

Die Decke wurde von de Vries (Jan de Frese) **1594
gemalt,** der auch im folgenden Jahre 7 grosse Wand=
gemälde daselbst fertigte, sowie das Gemälde auf der
Thür zwischen der grossen und kleinen Rathstube.
Die Deckenbilder wurden 1608—9 durch die jetzigen
von Isaak van dem Block gemalten ersetzt. Derselbe
malte 1611 das über der inneren Thür der kleinen Rathstube befindliche Bild.

2. Der Artushof.

1370 als Vergnügungslocal der vornehmeren Bürger
und als Local des Schöppengerichts gegründet, brannte
1476 gänzlich ab, so dass wenig oder Nichts vom
alten Bau erhalten blieb.
1477—81 wurde der jetzige Bau errichtet, dessen **4**
innere Granitsäulen aus dem abgebrochenen Ordensschloss
stammen.
Die Bürgerschaft theilte sich in 6 Genossenschaften
oder Bänke, die im Artushof ihre getrennten Plätze hatten,
die Reinholdsbank, Christophs-, Dreikönigen-, Marienburger-
Holländische und Schifferbank.
1552 ist die jetzige Facade vollendet worden.
Am Portale befinden sich die Relief-Medaillons Kaiser
Carl V., und Don Juans d'Austria, auf den Consolen
zwischen den Spitzbogenfenstern die Statuen des Scipio
Africanus, Themistocles, Camillus und Judas Maccabäus,
darüber in den Nischen zwischen der Pilasterstellung die
Figuren der Stärke und der Gerechtigkeit, und oben auf
der Dachspitze die der Fortuna.
1651 wurde der Rathsweinkeller eröffnet.
Nachdem der Gebrauch des Saales als Trinklocal ab-
gekommen, wurde
1742 derselbe der Kaufmannschaft als Börse übergeben.
Von den Kunstwerken, die er enthält, sind besonders
bemerkenswerth:
Das grosse Bild rechts des Einganges, das jüngste
Gericht, 1601 von Anton Möller gemalt; gegenüber Or-
pheus unter den Thieren um dieselbe Zeit von de Vries.
Der Kampf der Horatier und Curatier von Andreas Stech

2*

Ferner die Statue St. Georgs, nebst der zinnernen Schenk-
bank 1592 hergestellt, das Pfeiferchor über derselben
1593.

Das Entstehungsjahr der Statue St. Reinholds kann
nicht angegeben werden.

Die Marmorstatue August III ist 1755 vom Danziger
Bildhauer Meissner verfertigt.

Ausserdem sind noch die zum Theil gemalten, zum
Theil plastischen Bilder an den Wänden bemerkenswerth,
so wie die Holzschnitzereien, von denen die werthvollsten
1813 von den Franzosen gestohlen wurden; und die gemalten Friese an den ringsum laufenden Holzbekleidungen.
Einer dieser Friese zeigt den Einzug der Danziger nach
erfolgter Zerstörung der Jungstadt (renovirt und ergänzt
durch den Maler Sy).

Im Hintergrunde des Saales steht ein merkwürdiger
bis zum Gewölbe reichender Kachelofen.

3. Der Neptunsbrunnen

vor dem Artushof ist hier seiner Stellung und Bedeutsam-
keit wegen eingereiht.

Der Neptun ist 1620 von Adrian de Vries aus Augs-
burg gegossen, die Steinmetz- und Bildhauerarbeiten hat
Abraham van dem Block 1620—28 gefertigt.

1633 wurde der Brunnen durch den Maurer Reinhold
de Clerk aufgestellt und am 9. October die von Ottmar
Wettner gefertigte Wasserkunst zum ersten Male angelassen.

4. Die Halle (Schiessgarten)

wurde auf Kosten Meinhardts von Stein zu den Schiess-
übungen der Junker (Patrizier) in den Jahren
1489—94 erbaut. Als Baumeister fungirte der Münz-
meister Hans Glothau.

Das Gebäude lag ausserhalb der inneren Stadtmauer,
welche sich an das Hohe Thor (an Stelle des jetzigen
Langgasser Thores) anschloss; — die Schiessbahn ist jetzt
eine Sackgasse.

Auf der Spitze des Daches stand ein schöner mit
Kupfer gedeckter Thurm, von der Statue des Heiligen
Georg's überragt. Derselbe ist 1832 unnöthiger Weise
abgebrochen worden.

1561 bei einer Erneuerung wurden die graden Fenster-
sturze eingebracht.

4. Das Altstädtische Rathhaus,

jetzt Gerichtsgebäude, ist 1587 an Stelle eines alten hölzernen
Gebäudes durch den Architekten Antony van Odbergen
aus Mecheln erbaut, und zwar als Ziegelrohbau mit Hau-
steingesimsen. Der äussere Putz ist späterer Zusatz. Bemerkenswerth sind die schönen Consolen an der Thüre
und sonstige Hausteinarbeiten der Façade.

6. Das Zeughaus,

1605 wahrscheinlich auch von Odbergen oder einem seiner
Schüler erbaut, enthält in einem der Thürme eine schöne
Wendeltreppe, im Innern vier gewölbte Hallen; die Thüren
und Fenster treffen nicht auf die Axen der letzteren.
1636 wurde der Anbau, die sogenannte Apotheke, errichtet.

7. Das grüne Thor,

der östliche Abschluss des Langenmarktes, ist ein Fest-
saalbau, kein Vertheidigungsthor und gehört deshalb hierher.
1568 wurde dasselbe zur Aufnahme des Königlich-
Polnischen Hofes bei seinen Besuchen in Danzig errichtet.
Es hatte sowohl nach dem Langenmarkt, als auch nach der
Mottlau hin je 3 grosse und prachtvolle Ziergiebel. Dieselben sind im Jahre 1831 abgebrochen. Statt des früheren
hohen Daches wurde das jetzige flache hergestellt.

8. Das Langgasser Thor,

ebenfalls nur als Triumphbogen und Saalbau anzusehen,
wurde an Stelle eines früher hier stehenden Vertheidi-
gungsthores
1612 durch Abraham van dem Block erbaut. Die von
Peter Ringering gefertigte und im Jahre 1647 oder 1648
über der Attika aufgestellten Figuren mussten 1878 wegen
der vorgeschrittenen Verwitterung beseitigt werden. Dem
Vernehmen nach ist ihre Wiederherstellung ganz in der
alten Weise in Aussicht genommen.

9. Die grosse Mühle

bereits 1349 vorhanden, 1391 abgebrannt und gleich darauf wieder aufgebaut, ist ein mächtiges Bauwerk der Ordenszeit. Das daneben belegene Müller-Gewerkshaus mit bemerkungswerthen Holzschnitzerarbeiten ist 1754 erbaut. Von öffentlichen Bauten der neuen Zeit sind noch zu erwähnen:

10. Das Regierungs-Gebäude

1794—97 und

11. Das Schauspielhaus, 1798—1804

erbaut, beide ohne künstlerischen Werth.

12. Das städtische Gymnasium

um das Jahr 1837 nach Schinkel'schen Plänen erbaut.

13. Das neue Stadt- und Kreisgericht,

neben dem altstädtischen Rathhause belegen, in den Jahren 1860—61 erbaut.

14. Das Diakonissen-Krankenhaus

1871—73 unter der Leitung des Regierungs- und Bauraths Ehrhart.

15. Das Ober-Postdirections-Gebäude,

1875—77 nach einem Entwurfe des jetzigen Prof. Schwatlo errichtet.

IV. Befestigungen.

Die ersten massiven Befestigungsanlagen, Stadtmauern und Thürme, wurden 1343 durch den Hochmeister Ludolf König von Weizau begonnen. Hierzu gehört besonders der Thurm am Stadthofe, (jetzige Feuerwehrstation).

Ein zweiter mit schönen Treppengiebeln versehener Thurm am Stadthofe ist 1847 wegen angeblicher Baufälligkeit abgebrochen.

Die massiven, zum Theil gewölbten Stallgebäude sind 1619 errichtet.

1346 wurde nördlich von der bisherigen Stadtmauer der Rechtstadt eine zweite äussere Befestigungsmauer aufgeführt mit mehreren Thoren, von denen das vor dem bisherigen hohen Thore (jetzt Langgasser Thor) belegene Doppelthor am interessantesten ist.

Dasselbe bestand aus einem inneren hohen Thurme, dem Stockthurme, und einem äusseren Thore mit einem Hofe dazwischen. Der Stockthurm, der in seinen 4 Ecken runde Thürme von 2,2 m Durchmesser, oben zugewölbt und mit Schiessscharten versehen, besass, welche jetzt zum Theil vermauert sind, hat im Laufe der Zeit mehrfache nicht näher nachweisbare Aenderungen erlitten; das jetzige Dach ist 1508 aufgesetzt.

Das Aussenthor, aus einer spitzbogigen Thoröffnung im Mittelkörper zwischen 2 runden, vor der Aussenfront wenig vorspringenden Thürmen bestehend, ist seit 1574 oder 1576 durch die hier angelegten Poternen nebst Casematten verdeckt gewesen.

Bei dem im Herbst 1878 erfolgten Abbruch dieser Anlagen trat das alte Thor mit seiner durch Aufhöhung des Grund und Bodens gedrückt erscheinenden spitzbogigen Oeffnung wieder hervor, und steht zu hoffen, dass dasselbe so weit wie möglich erhalten und nicht wieder verdeckt wird.

Ueber diesem Aussenthore ist etwa um 1570 ein Bau mit 4 zierlichen Giebeln aufgeführt, die Peinstube. Dieselbe tangirt mit ihrer Vorderfront ungefähr die beiden Rundthürme, springt aber mit den Seitenfronten etwas über dieselben vor. Auf einem Bilde Danzig's in Braun's Städtebuch von 1572 befindet sich noch die alte Krönung der Thürme, während nachweisbar wegen des Poternenbau's schon in den nächsten Jahren die Ecken des Unterbaues der Peinstube wieder abgestumpft worden sind.

Wahrscheinlich aus derselben Gründungszeit, wie dies Doppelthor, d. h. 1346—50, wenigstens aber noch aus dem 14. Jahrhundert stammen

Das alte Jacobsthor, etwas abseits vom jetzigen gelegen. Es wurde 1625 in einen Pulverthurm verwandelt, sowie grösstentheils mit Erde verschüttet und explodirte 1815.

Das Holzthor am Holzmarkt und das Karrenthor in der Richtung des vorstädtischen Grabens; beide sind 1563 bei Herstellung oder Verstärkung des Erdwalles verschüttet worden.

Ausserdem stammen aus derselben Zeit noch die Wasserthore nach der Langen Brücke, das Häckerthor, Johannesthor, Heiligegeistthor, Frauenthor, Brodbänkenthor, Kuhthor, ferner der Ankerschmiedethurm — jetzt Gefängniss — und der „Kieck in de Köck", letzterer in der Mauer der Rechtstadt gegen die Altstadt, bezw. das Ordensschloss belegen und um 1410 erhöht.

1411 wurde das Krahnthor an Stelle eines 1410 abgebrannten älteren Krahnes erbaut.

1519 wurden statt der alten Mauern die jetzigen Erdwälle geschüttet und der Thurm des Milchkannenthors erbaut.

1584—87 Bau der Festung Weichselmünde.

1588 Vollendung des jetzigen Hohen Thores vor dem früheren Aussenthore des Stockthurms. Der Bau war 1576 nach Vollendung der 1878 wieder beseitigten Poterne begonnen.

1626 wurde das Leege Thor, sowie

1628 das Langgarter Thor erbaut, ferner die seitdem vielfach umgebaute Befestigung des Bischofsberges angelegt.

1633—36 Bau des jetzigen Jacobsthores.

1664 erste Befestigung des Hagelsberges.

V. Privathäuser.

Hier sind zunächst eine Anzahl Façaden aus der Ordenszeit zu erwähnen, über welche jedoch nähere Angaben nicht gemacht werden können, von denen auch nur wenige noch einigermassen unversehrt sind.
Dahin gehören:
Das alte Pfarrhaus zu St. Marien jetzt zur Wohnung des Pfarrers der Königlichen Kapelle dienend, dessen der Kirche zugewendete Façade gut erhalten ist, ferner das Haus Frauengasse Nr. 12, früher dem Kloster Oliva gehörig, das ebenso wie das Haus Frauengasse Nr. 1 sich noch in ziemlich gutem Zustande befindet. Hierher gehört auch der Speicher „Die graue Gans" welcher Judengasse Nr. 11 belegen ist. — Weniger gut erhalten, zum Theil sehr baufällig oder durch Umbau verändert sind die Häuser Hundegasse Nr. 35, Frauengasse Nr. 24, Seitenfaçade nach der kleinen Hosennähergasse, ferner Nr. 10 und Nr. 11 der letzteren Gasse, Breitegasse Nr. 75.
Ein schönes Gebäude aus der zweiten Hälfte des 16. Jahrhunderts ist das jetzt im Besitze der naturforschenden Gesellschaft befindliche Haus neben dem Frauenthor, dessen frühere zierliche Thurmkrönung leider vor nicht zu langer Zeit einer abscheulichen Kuppel von Zinkblech weichen musste.
Andere Gebäude der Frührenaissance sind vielfach vorhanden, zu erwähnen sind besonders das Baum'sche Haus an der Ecke der Langgasse und der Matzkauschengasse; das zum Gasthaus „Englisches Haus" gehörige Gebäude in der Brodbänkengasse, angeblich 1440 von den englischen Tuchhändlern zu ihrem Geschäftsdepot erbaut; die Façade aber unzweifelhaft aus späterer Zeit, ferner das sogenannte Löwenschloss, Langgasse Nr. 35, aus dem Jahre 1569, auch das Haus Langgasse Nr. 28, das Paradies genannt, 1560 erbaut.
Aus etwas späterer Zeit 1609 ist die Façade des Steffens'schen Hauses am Langenmarkt, angeblich aus Italien fertig hierhergebracht.
Gebäude aus der Periode des Barock- und des Roccocostyls sind in Menge vorhanden. Viele davon zeichnen sich

durch interessante Portale, Giebel, Masken, Löwenköpfe Consolen etc. aus.

Im Innern fanden sich früher häufig prachtvolle Vestibule, geschnitzte Treppen etc. jedoch sind die meisten dieser Anlagen durch Umbauten zerstört oder doch verdeckt und beschädigt worden. Da das Innere der Häuser im Allgemeinen nicht zugänglich ist, so kann hier nur Weniges davon angeführt werden.

Im Wohnhause Brodbänkengasse **Nr. 11** ist ein **Vestibul mit** eigenthümlichen Gewölben **und** einem reichen **Friese** mit figürlichen **Darstellungen in** Relief über 2 Bogen mit Häugezapfen **erhalten**, jedoch **ohne den** sonstigen früheren Schmuck.

Eine ähnliche Bogenstellung mit Säulen, Hängezapfen und mehreren zierlichen Gewölben, darüber ein mit figürlichen Reliefs geschmückter Fries, befindet sich Langgasse **Nr. 35** (Löwenschloss), ebendaselbst ein Fries im Hofe, Jagdscenen darstellend und eine herrliche Holzdecke, kleine Consolen mit Thierköpfen etc. Ein anderer Relieffries über Arcaden ist zu sehen im Baum'schen Laden Langgasse 45. Bei diesem sind jedoch die Arcaden und Säulen neu.

Eine schöne Wendeltreppe in reicher Holzschnitzarbeit befindet sich Jopengasse **Nr. 8** (Wedel'sche Hofbuchdruckerei) wo auch ein schönes in Holz geschnitztes Fenster zu sehen ist, eine einfachere gerade, jedoch ebenfalls schöne und interessante Treppe enthält das katholische Pfarrhaus der Königlichen Kapelle (bei St. Marien). **Andere** zierlich geschnitzte Treppen finden sich Langenmarkt Nr. 47, Eingang **von der** Krämergasse, **ferner** in dem Hause Kürschnergasse **Nr. 1.**

Eine spätere, nicht besonders schöne Wendeltreppe ist noch im Hause des Commerz- und Admiralitäts-Collegiums, Langenmarkt **Nr. 43** neben dem Artushofe vorhanden, andere geschnitzte Treppen im Museum.

Eine schöne in Holz geschnitzte **hohe** Wandbekleidung **mit** figürlichen Darstellungen ist **im** Gastzimmer der **Steiff'**schen Destillation Schmiedegassen 30 zu sehen.

Im Treppenflur des Hauses Langgasse **Nr. 18** ist die eine Wand mit holländischen Fayance-Plättchen bekleidet, worauf in blauer Malerei auf weissem Grunde ein Engel von mehr als menschlicher Grösse dargestellt ist.

Im Hause des Herrn Kaufmann Gronau, Altstädtischen Graben Nr. 69/70 ist noch ein Zimmer aus dem Jahre 1642

mit seiner ganzen ursprünglichen Ausstattung erhalten.
Darin befindet sich eine Decke mit Gemälden zwischen
geschnitzten Holzleisten, ferner eine geschnitzte und mit
vortretenden Chimären abgetheilte Holzleiste in Mannes-
höhe ringsum an den Wänden, eine schöne Thür und
zwei Wandschränke mit figürlichen Darstellungen.
Eine ähnliche Decke, mit einfacherem Rahmwerk aber
besseren Gemälden besitzt das Haus 3. Damm Nr. 9. Als
diese behufs Reparatur abgenommen wurde, fand sich darunter
eine zweite allerdings weniger gut gemalte Decke mit
Darstellungen aus der Danziger Geschichte, welche jedenfalls wegen der dargestellten Bauwerke und Costüme interessant ist. Leider ist dieselbe wieder verdeckt worden.
Eine herrliche mit reichem zum Theil frei grarbeitetem
Ornament und figurlichen Darstellungen versehene Stuck-
decke, von Professor Schultz auf dem Titelblatte seines
grossen Kupferwerkes „Danzig und seine Bauwerke" dargestellt, befindet sich in dem Hause Langenmarkt Nr. 8.
Im Hause 4. Damm No. 2 ist ein eigenthümlich in
Stuck (Roccoco) decorirtes Zimmer, die Pilaster haben
statt der Capitäle kleine Portraits in Oelmalerei.
Ein anderer interessanter Raum in Stuckdecoration
ist der Saal des Hauses Langgasse 34 (Westpreussische
Landschaft) etwa aus dem Ende des vorigen Jahrhunderts.
Im Hinterzimmer des Steiff'schen Comptoirs, Halben-
gasse 2/3, befindet sich ein mit derben Stuckornamenten
und einem figuralen Mittelrelief decorirtes Kreuzgewölbe.
Eine schöne geschnitzte Hausthür aus dem Jahre
1646 hat das Haus 4. Damm No. 5, eine ältere spätgothische
Langenmarkt Nr. 20.
Eine sehr schöne reich geschnitzte Stubenthür ist im
Vestibul des Hauses Hundegasse 33 zu sehen.
Die Beischläge, podestartige Vorbauten an den Fronten
der Häuser, welche früher den Strassen Danzigs ein so
malerisches und eigenthümliches Ansehen gaben, haben
den Interessen des Verkehrs weichen müssen. In einigen
stillen Strassen, der Jopengasse, Brodbänkengasse, Frauengasse und dem unteren Theile der heiligen Geistgasse,
sowie auf dem langen Markte sind dieselben, darunter
sehr schöne Exemplare, jedoch erhalten und werden hoffent-
lich auch ferner bestehen bleiben.
Der grosse Reichthum von alten Kunsttischlerarbeiten,
namentlich grossen schweren Schränken und Tischen, sowie von sonstigen Erzeugnissen der Kunsthandwerke, dessen
sich Danzig früher rühmen konnte, ist grösstentheils nach

England, Russland etc. ausgewandert; manches findet sich
noch in den alten Patrizier-Häusern und bei Trödlern,
sowie in kleineren Sammlungen, von denen die des Herrn
Kupferschmidt, Besitzer der berühmten Destillation zum
„Lachs" Breitegasse No. 52 die erheblichste und sehens-
wertheste ist.

Auch die im Besitz des bekannten Malers Herrn
Stryowski befindlichen Arbeiten dieser Art sind bemerkenswerth.

Danzig, im März 1879.

Bädeker,
Königlicher Bauinspector.

Druck von A. W. Kafemann in Danzig.